如果你有
动物的舌头

U0177211

[美] 桑德拉·马克尔 著

[英] 霍华德·麦克威廉 绘

阳亚蕾 译

中信出版集团 | 北京

献给凯蒂·基博勒以及俄亥俄州希利亚德市艾弗里小学的孩子们。特别感谢杰弗瑞，感谢他在我们创作过程中的大力支持。

图书在版编目（CIP）数据

如果你有动物的舌头 /（美）桑德拉·马克尔著；（英）霍华德·麦克威廉绘；阳亚蕾译 . -- 北京：中信出版社，2023.3
（如果你有动物的舌头：全 3 册）
书名原文：What if you had an animal tongue!
ISBN 978-7-5217-5415-5

Ⅰ.①如… Ⅱ.①桑…②霍…③阳… Ⅲ.①动物—儿童读物 Ⅳ.① Q95-49

中国国家版本馆 CIP 数据核字（2023）第 029039 号

如果你有动物的舌头
（如果你有动物的舌头：全 3 册）

著　　者：［美］桑德拉·马克尔
绘　　者：［英］霍华德·麦克威廉
译　　者：阳亚蕾
出版发行：中信出版集团股份有限公司
　　　　　（北京市朝阳区东三环北路 27 号嘉铭中心　邮编　100020）
承 印 者：北京尚唐印刷包装有限公司

开　　本：880mm×1230mm　1/16　　　印　张：2　　　字　数：35 千字
版　　次：2023 年 3 月第 1 版　　　印　次：2023 年 3 月第 1 次印刷
京权图字：01-2023-0222　　　　　审 图 号：GS 京（2023）0109 号（此书中插图系原文插图）
书　　号：ISBN 978-7-5217-5415-5
定　　价：59.80 元（全 3 册）

出　　品　中信儿童书店
图书策划　红披风
策划编辑　刘杨　车颖
责任编辑　王琳
营销编辑　易晓倩　李鑫橦　高铭霞

出版发行：中信出版集团股份有限公司
服务热线：400-600-8099　　　　　网上订购：zxcbs.tmall.com
官方微博：weibo.com/citicpub　　　官方微信：中信出版集团
官方网站：www.press.citic

如果某天你醒来，感觉有那么点儿奇怪……
你发现嘴里的舌头大变了样！如果，一夜之间，
一条野生动物的舌头取代了你的舌头，那会怎样呢？

科莫多巨蜥

科莫多巨蜥伸出它长长的黄色舌头来捕捉空气中的气味颗粒。它将舌头按压在口腔上部一个特殊的传感器上，借此闻到或尝到它所收集到的气味颗粒。科莫多巨蜥通过这种方式锁定它的猎物，例如鹿、猪或水牛，它能感知到远在8千米外的猎物。

小秘密

科莫多巨蜥的舌尖是分叉的，可以感知是来自左边还是右边的气息或味道更强烈。

如果你有
科莫多巨蜥的舌头，
你就永远不会错过
刚出炉的饼干。

3

花蜜
长舌蝠

花蜜长舌蝠的舌头是它体长的 1.5 倍——它的舌头实在是太长了，舌根长在胸腔内，而不是长在嘴里。当舌头伸展开后，长度足以让它尝到管状花底部的甜花蜜，而短舌蝙蝠是够不到的。

小秘密

花蜜长舌蝠的舌头上覆盖着一层带刺的刚毛，正适合搜集花蜜，并方便将花蜜送到嘴里。

如果你有
花蜜长舌蝠的舌头，
你就永远都不用让
电影暂停。

5

老虎

老虎的舌头像砂纸一样粗糙，布满倒刺，每次舔舐都会带动这些倒刺活动。舌头能帮助老虎理顺皮毛上的缠结。老虎醒着的时候，有 1/4 的时间都在舔它的毛，这让它看起来就像一只爱精心打扮的大猫。

小秘密

老虎的舌刺呈锥形，喝水时舌头向下向后弯曲，朝向喉咙，每舔一次大概能舔到一杯的水量。

如果你有
老虎的舌头，
你将成为一个全世界
知名的发型师。

穴蟾

穴蟾的舌头从嘴里弹出来的速度非常快，人类眨眼一次的时间它就能弹射出舌头10次。科学家们认为，它舌头周围的肌肉是这种动作的动力来源，就像把橡皮筋拉得足够长令它瞬间弹开一样。啪！

小秘密

当穴蟾的舌头完全伸展开时，它的舌头大约是它体长（除去尾巴）的一半。

如果你有
穴螈的舌头，
你就是那个在派对上
打破皮纳塔的人。

㺜㺿狓

㺜㺿狓的舌头非常灵活。在进食时，它用舌头把叶子、水果或树枝卷进嘴里。在洗澡时，它用舌头把身体舔干净，它的舌头甚至能清洁自己的眼睛和大耳朵。

小秘密

㺜㺿狓的舌头是蓝紫色的。科学家认为这种颜色可以保护舌头不被晒伤。

变色龙

变色龙的舌头上面覆盖着黏糊糊的唾液，这种唾液比人类的唾液黏稠 400 倍。难怪变色龙用舌头捕猎时能百发百中！

小秘密

变色龙的唾液非常有黏着力，它的舌头可以把较大的猎物拖进嘴里而不让猎物逃脱。

如果你有
变色龙的舌头，
你在玩接飞盘时
就不会失手。

13

真鳄龟

真鳄龟的舌尖上有一个红色的蠕虫状的肉突。当真鳄龟张开嘴扭动舌头时，肉突活像一条蠕虫。如果有鱼忍不住想要凑近一探究竟，真鳄龟便猛地闭上嘴巴。晚餐时间到！

小秘密

刚孵出的真鳄龟的舌头上已经有一条小"蠕虫"，它准备好享用它的第一餐了。

如果你有
真鳄龟的舌头，
你将是足球队的
最有价值球员。

15

红腹 啄木鸟

红腹啄木鸟的舌头可以伸展至喙的 3 倍长。整条舌头都含有骨头，舌尖布满短钩，可以像矛一样刺向猎物，比如木头里的甲虫幼虫。

小秘密

红腹啄木鸟的舌尖上有特殊的肌肉，可以控制舌尖左右移动，帮助它从树干中取出猎物。

如果你有
红腹啄木鸟的舌头，
你将是狂欢节上的
爆气球冠军。

17

狼

狼的舌头能使它保持凉爽，这样它就不需要通过排汗调节体温，毛发就不会被打湿，表皮也不会感觉冷飕飕的。狼没有汗腺，而是通过喘气使空气从湿漉漉的舌头上流过。随着舌头上的唾液变干，狼的体温也降了下来，就像有空调为狼降了温一样——即使它在全速奔跑时也是如此。

小秘密

在狼群中，舔舌头是对首领表示尊敬的一种方式。

如果你有
狼的舌头，
你就可以毫不费力地
赢得铁人三项。

19

蓝舌石龙子

当蓝舌石龙子伸出舌头时，它的意思是："乒，吓死你！"当敌人，比如棕色的猎鹰靠近时，它就会这样做。如果幸运，蓝色舌头吓退捕猎者的时间足够让它逃脱。

小秘密

科学家们发现，蓝舌石龙子的舌头越靠里颜色越鲜艳。所以，如果敌人穷追不舍，它的嘴就会张得更大，让自己看起来更有威慑力。希望如此吧！

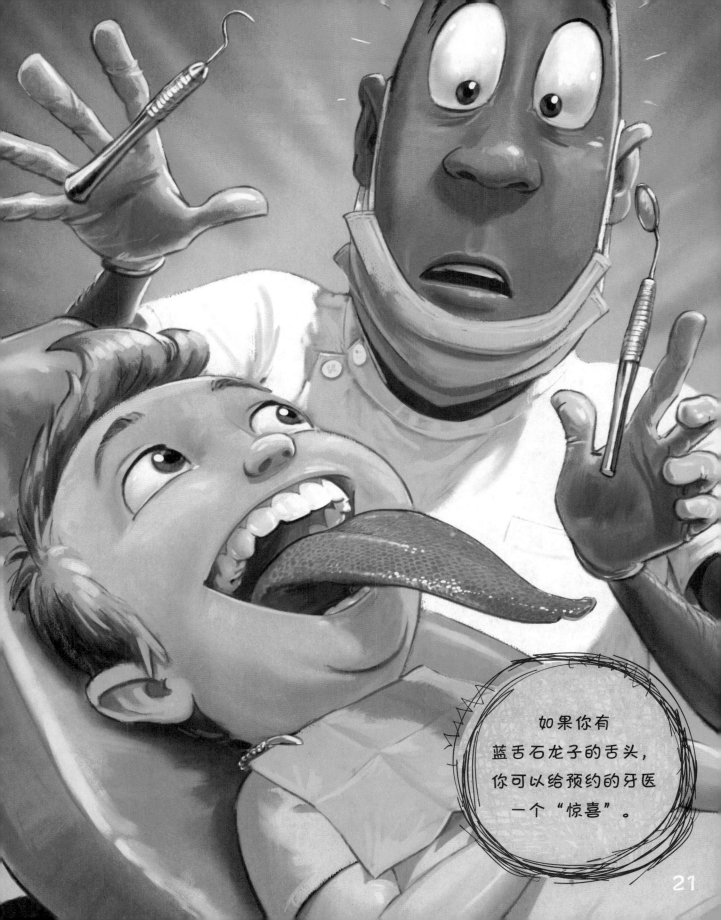

如果你有
蓝舌石龙子的舌头，
你可以给预约的牙医
一个"惊喜"。

21

野牛

野牛的舌头像它的农场亲戚奶牛一样，有多达 25 000 个味蕾。野牛是严格意义上的食草动物，所有的味蕾能让它迅速感知到可以安全食用的植物。

小秘密

野牛用舔舐表示"你是家人"。因此，野牛在交配时会互相舔对方，母牛也会舔自己的幼崽。

如果你有
野牛的舌头，
你将成为新口味冰激凌
的试味师。

野生动物的舌头可能会让你感觉有趣一阵子。但你不需要用舌头去抓飞盘、摘苹果或吹气球，不需要它来梳理毛发或者散热。

所以，如果你可以拥有一种野生动物的舌头，你会选择哪种呢？

幸运的是，你不必选择。你嘴里的舌头永远是人类的舌头。你可以用它来品尝、咀嚼、吐、吞咽。此外，你在吹口哨、唱歌、说话时也需要用到它。

　　无论你做什么，最好都让舌头待在口腔里，因为在世界上的大部分地方随意伸舌头都是不礼貌的。不过，如果你到中国西藏游览观光，遇到人时可以把舌头伸出来。那里的人就是用这种方式说"你好"。

你的舌头
有什么特别之处呢？

你可能会惊奇地发现，你舌头上的纹路就像指纹一样独特。你的舌头也非常灵活，因为它全是肌肉。事实上，它由协力工作的8块肌肉组成。它们是你身体中唯一可以在不移动骨骼的情况下活动的肌肉。

你的舌头上有2000到8000个味蕾。它们被埋在乳突里，你可以看到舌头上的小突起，那就是乳突。每个小乳突里有多个充满感觉细胞的味蕾。人们过去认为舌头上不同的区域能够感知不同的味道：甜、酸、咸、苦。现在科学家们发现，这些味道整条舌头都能探测到。

保持
舌头健康

你的舌头需要保持良好的状态才能健康。所以这里有一些保养舌头的小窍门。

- 用牙刷轻轻地刷。口臭的原因之一是细菌(一种微生物)聚集在你的舌头上。

- 每天喝大量的水，至少1.5升。你的身体需要水来产生唾液，你嘴里的唾液可以自然地带走导致口臭和蛀牙的有害细菌。

- 健康饮食。洋葱、生姜和椰子等食物有助于抵抗有害细菌。

- 在你进行橄榄球和棒球等运动时，戴上护齿，以保护你的舌头和牙齿。